生命的演化历史

[日]猪乡久义 监修　周颖琪 译　邢立达 审校

华东师范大学出版社
上海

新生代
中生代
古生代
元古宙
太古宙
冥古宙

宇宙碎片形成了地球

约 46 亿年前 ~40 亿年前

在距今大约 46 亿年前，宇宙中漂浮的碎片（小行星和陨石）不断发生碰撞，变得越来越大，导致了地球的形成。碎片的碰撞产生了热量，熔化了岩石。滚滚岩浆像大海一样覆盖了地表，地球各处都冒出了水蒸气和二氧化碳。

从那以后又过了几亿年，小行星和陨石的碰撞减少，水蒸气便形成了云，大量雨水降落到地面。在雨水的作用下，熔岩冷却并凝固，形成了陆地。陆地周围聚集了大量的水，形成了海洋。

刚形成的地球

刚形成的太阳（左上）周围环绕着很多小行星和陨石，它们之间相互碰撞，让地球渐渐变得越来越大。

原始地球被岩浆覆盖

小行星和陨石碰撞产生的热量熔化了岩石，形成一片岩浆的海洋，名叫"岩浆海"。

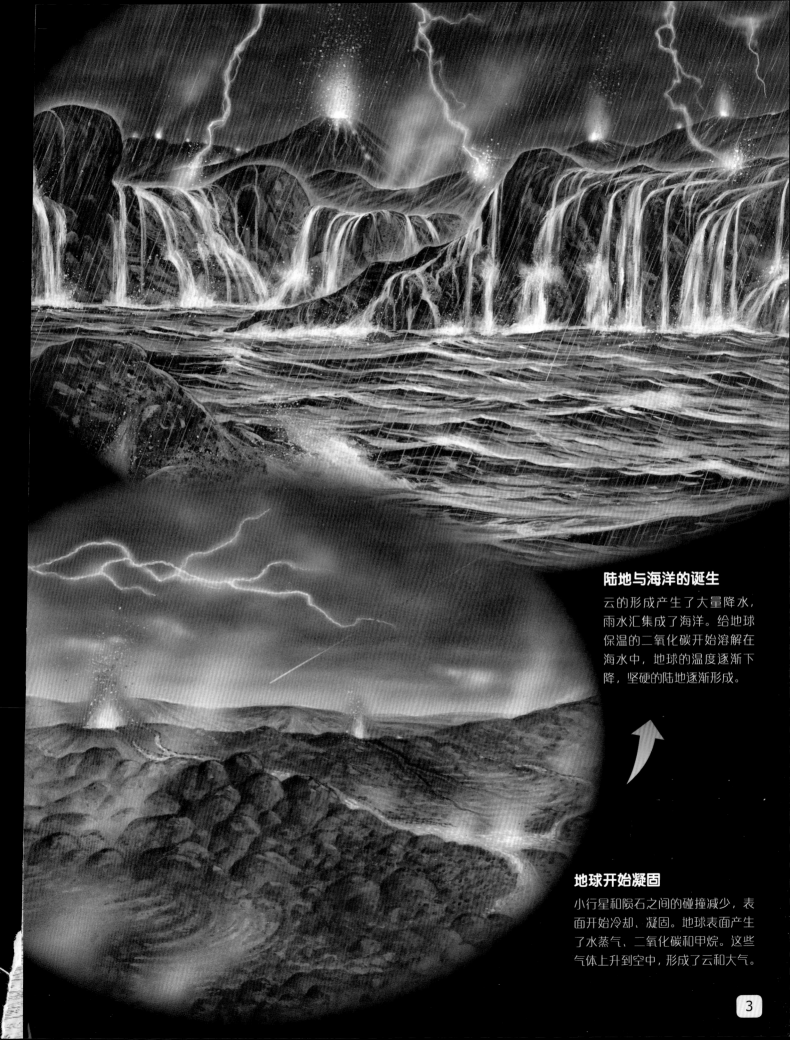

陆地与海洋的诞生

云的形成产生了大量降水，雨水汇集成了海洋。给地球保温的二氧化碳开始溶解在海水中，地球的温度逐渐下降，坚硬的陆地逐渐形成。

地球开始凝固

小行星和陨石之间的碰撞减少，表面开始冷却、凝固。地球表面产生了水蒸气、二氧化碳和甲烷。这些气体上升到空中，形成了云和大气。

新生代
中生代
古生代
元古宙
太古宙
冥古宙

地球生命诞生之初

约 40 亿年前 ~25 亿年前

在大约 40 亿年前，地球上的陆地面积很小，地表被辽阔的海洋覆盖。地球周围的大气主要由甲烷和二氧化碳等温室气体组成，气温在 55~88℃之间。那时候的海水温度很高，而且比现在的海水咸很多。那时的火山还很活跃，被熔岩烧热的水从海底喷出，形成了海底热泉。科学家认为，地球上最早的生命就是在海底热泉附近诞生的。地球上最早的生命类似于细菌，没有细胞核，是一种只由一个细胞组成的单细胞生物，被称作原核生物。

最早的生命

海底热泉

生命诞生之初，地球上除了太阳光，还有很多对生命有害的宇宙射线。所以，细菌只在光照不到的深海里生活。但是在大约 28 亿年前，地球上形成了反射宇宙射线的磁场，于是原始细菌中出现了光合成细菌，它们能在浅海中生活，利用太阳光合成养分。到了约 27 亿年前，光合成细菌中出现了能利用太阳光合成养分并放出氧气的蓝藻。从此，地球上的氧气开始增加。对于当时的生物来说，氧气是一种有害气体，但真核生物却可以利用氧气产生能量。氧气的增加为真核生物的诞生创造了条件。

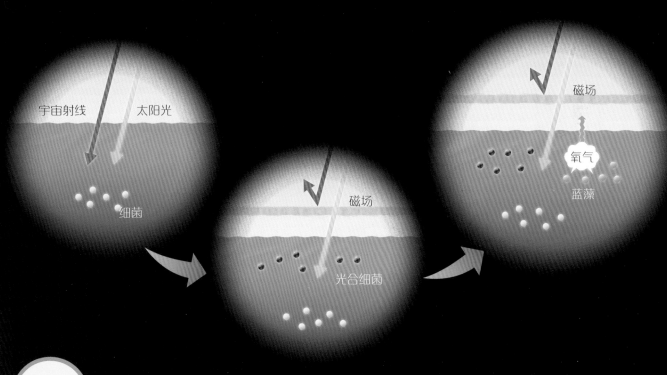

Why? 原核生物与真核生物

地球上的生物大致可以分为原核生物和真核生物两类。原核生物没有细胞核，分为细菌类和古细菌类等。真核生物的细胞内有细胞核，包括人类在内的动物、植物、菌类、眼虫类等原生生物都属于真核生物。原核生物的细胞内也有携带遗传基因的染色体，但不像真核生物的染色体那样有细胞核包覆。此外，真核生物出现在元古宙，它们的细胞内还有名叫细胞器的结构。

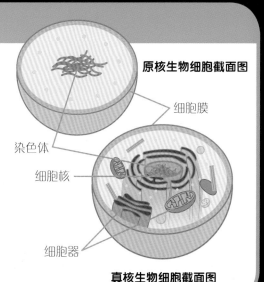

原核生物细胞截面图

细胞膜

染色体

细胞核

细胞器

真核生物细胞截面图

新生代
中生代
古生代

元古宙

太古宙

冥古宙

真核生物与多细胞生物的诞生

约 25 亿年前 ~ 5.41 亿年前

在大约 22 亿年前，地球上最早的生命——原核生物——诞生以后，气候变得寒冷，地表被冰全面覆盖的时代来临了。这个时期叫做"雪球地球"。到了约 20 亿年前，"雪球地球"期结束，有细胞核的真核生物诞生了。那时候的真核生物和古细菌、细菌等原核生物应该是共生关系。

查恩盘虫

三分盘虫

约吉亚虫

金伯拉虫

环轮水母

后来，元古宙又出现了两次"雪球地球"期，第三次雪球地球期在大约6亿年前结束。真核生物中开始出现很多细胞集合成一个生命体的现象，多细胞生物就是这样在大海中诞生的。那时的多细胞生物都是软体动物，没有骨头和壳，被称作"埃迪卡拉动物群"。这个名字来源于埃迪卡拉山，那里发掘出了大量的软体动物化石。

元古宙一共有三次雪球地球期，每次雪球地球期结束后，地球上的氧气量都会急剧增加，这极大地促进了生命的演化。

狄更逊水母

新生代

中生代

古生代

元古宙

太古宙

冥古宙

元古宙末期活跃的生物

在大约 6 亿年前，雪球地球期结束，海底热泉附近有一些生物存活了下来。其中，一类名叫"埃迪卡拉生物群"的多细胞生物在海中诞生，并大量繁殖。这些生物都是软体生物，没有骨头或壳，没有头、眼睛和牙齿，也没有手脚，非常神奇。其中有些生物长达 1 米，比如狄更逊水母和查恩盘虫，它们是地球上最早的大型动物。

水 三分盘虫

直径约 2~5 厘米。三分盘虫的身体呈圆盘状，被三根腕足形状的螺旋结构分成了三个部分，长相奇特。也有人认为它是一种棘皮动物。

水 约吉亚虫

直径约 16 厘米的圆盘状生物。它到底是动物还是植物，现在还不清楚。

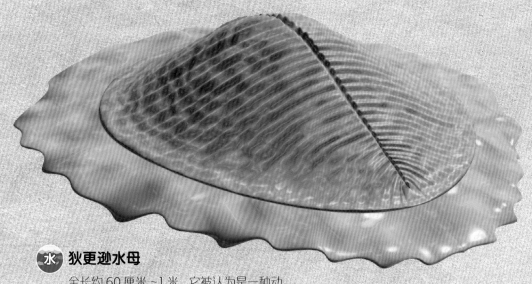

水 狄更逊水母

全长约 60 厘米~1 米。它被认为是一种动物，但没有类似头或嘴的器官。最近，有人认为它其实是一种和藻类共生的菌类。

※ 下面的标志用来标记远古生物的主要生存环境

 陆 主要在陆地生活的生物　　 **水** 主要在水中生活的生物　　 **空** 主要在陆地上生活、可以飞的生物

水 **环轮水母**

全长约 5 厘米。外表像是圆形的水母，其他更详细的信息就不清楚了。

水 **金伯拉虫（软体动物）**

全长约 15 厘米，是一种长得像蜗牛的软体动物。它的身体呈圆形，前面伸出一条像爪子一样的长"手腕"，据说它用这条"手腕"来抓取海底的猎物。

水 **查恩盘虫**

全长约 1 米。圆盘形状的部分应该是用来立在海底的，植物叶片形状的部分应该能在海中漂动。一般被认为是动物，但没有嘴和肛门。

Why? 被冰覆盖的地球（雪球地球）

冰原

©NASA

雪球地球

在南极和北极地区，有着像高山般巨大的冰块，它们叫做"冰原"。到了夏天冰原也不会融化的地质时期，叫做"冰河时期"。即使到了今天，南极和北极也有冰原覆盖，这些地方依然处在冰河时期。在元古宙，地球一共经历了三次"雪球地球"期，分别发生在约 22 亿年前、约 7 亿年前和约 6.5 亿年前。"雪球地球"期，整个地表都被冰覆盖。

在"雪球地球"期，不止是陆地，连大海都被 1000 米厚的冰层覆盖，很多生物都被冻死了。但是，深海海底的热泉附近有生物存活了下来，它们开始演化成新的生物。

雪球地球内部（右图）

不仅仅是地面，连大海也被 1000 米厚的冰层覆盖。但火山口和海底热泉附近没有冻结，有些生物便存活了下来。

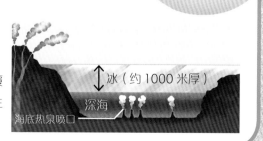

冰（约 1000 米厚）

深海

海底热泉喷口

新生代
中生代
古生代
元古宙
太古宙
冥古宙

海中生物种类激增

约 5.41 亿年前 ~4.85 亿年前

| 寒武纪 | 奥陶纪 | 志留纪 | 泥盆纪 | 石炭纪 | 二叠纪 |

这时，地面上几乎还没有什么动物和植物。海洋中的生物数量却从几百种突然激增到了大约一万种。增长数量最多的是奇虾这样的节肢动物（身体有分节，被硬壳覆盖），此外还有很多身体像海绵一样的海绵动物、昆明鱼等类似鱼类祖先的动物。鱼类和节肢动物在海中遨游，捕捉猎物，靠坚硬的外壳或尖刺抵御敌人的进攻，保护自己，从而得以幸存。

昆明鱼

爱尔纳虫

怪诞虫

马尔三叶形虫

奇虾

皮卡虫

欧巴宾海蝎

哈氏虫

新生代
中生代
古生代
元古宙
太古宙
冥古宙

寒武纪的生物

寒武纪	奥陶纪	志留纪	泥盆纪	石炭纪	二叠纪

　　到了寒武纪，有一类海洋生物的数量开始大量增加，它们身体外侧拥有坚硬的外壳和尖刺，长着大大的复眼和尖锐的牙齿。

　　这些生物用巨大的复眼发现猎物，用尖锐的牙齿抓住猎物。它们身上有坚硬的外壳和尖刺，可以用来抵御外敌。这个时期出现的三叶虫的近亲们在之后的奥陶纪和志留纪逐渐发展壮大了起来。

水 皮卡虫（脊索动物）

全长约 5 厘米。它头上有触角，体内有一根管状的脊椎，通过左右扭动身子向前游动。皮卡虫很像现在的文昌鱼。

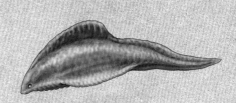

水 昆明鱼（鱼类）

小型原始鱼类，全长约 2.6 厘米。它有背鳍和腹鳍，通过摆动鳍游动。昆明鱼是现在已知最古老的鱼类。

水 欧巴宾海蝎（节肢动物）

全长约 7 厘米。它一共有 5 只眼睛，头前面有 2 只，后面有 3 只。它的头前面有一个长鼻状的爪，能伸出去抓住猎物，送到头下面的嘴里进食。

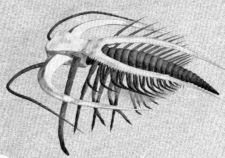

水 马尔三叶形虫（节肢动物）

全长约 2 厘米。头上长着两对触角和两对尖刺。它一边在海底爬来爬去，一边用一对较短的、类似梳子般的那对触角寻找猎物并进食。

水 哈氏虫（软体动物）

一种软体动物，全长约 8 厘米，全身被鳞片覆盖。它身体前部和后部各有一片板壳，因此被认为是乌贼和贝类的近亲。

水 怪诞虫（有爪动物）

全长约 2.5 厘米。怪诞虫的身体柔软、细长，背上有 7 对共 14 根尖刺。它的足尖上长着小小的爪子，用来收集动物的尸骸吃。

水 爱尔纳虫（节肢动物）

最早出现的一种三叶虫，全长约 2.5 厘米。它的身体被分为三个部分，因此被称作"三叶虫"。它的头前方长着一对触角，头左右两边长着一对长刺。

水 奇虾（节肢动物）

体型很大，全长约 1 米，是寒武纪最大最强的生物。它身体两侧的鳍状附肢可以上下摆动，用来游泳。它的头前面长着一对附肢，像虾一样，用来捕食三叶虫之类的生物吃。

Why? 寒武纪生命大爆发的原因

　　寒武纪生物种类的激增，被称为"寒武纪生命大爆发"。出现这个现象的原因，在于有眼睛的节肢动物的诞生，让海洋生物之间形成了"吃与被吃"的关系。为了捕捉猎物，有些动物的牙齿变得越来越发达；为了抵御敌人，有些动物长出了坚硬的外壳和尖刺。各种各样的生物就这样变多了。

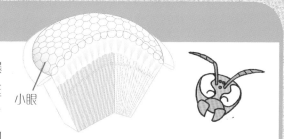

小眼

节肢动物的复眼 复眼由许多个小眼组成，小眼看见的图像像马赛克砖那样拼在一起，形成完整的视觉（蜜蜂的眼睛也是复眼）。

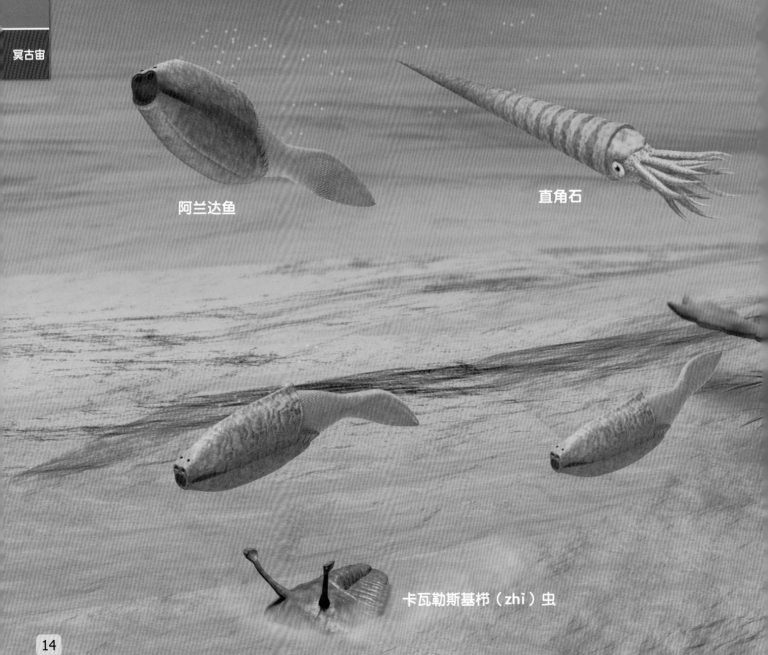

新生代
中生代
古生代
元古宙
太古宙
冥古宙

海洋中繁盛的鱼类和节肢动物

约 4.85 亿前 ~4.43 亿年前

| 寒武纪 | 奥陶纪 | 志留纪 | 泥盆纪 | 石炭纪 | 二叠纪 |

在寒武纪之后的奥陶纪，海洋依然是生物繁衍的主要场所。这个时期的地球开始变暖，浅海区域内的鱼类、长着硬壳的三叶虫等节肢动物的种类也开始变多了。另外，房角石、直角石和类似乌贼、章鱼的软体动物种类也增加了。但是，奥陶纪过半的时候，整个地球又突然变冷，进入了冰河时期，将近 85% 的生物都死亡了。

阿兰达鱼

直角石

卡瓦勒斯基栉（zhi）虫

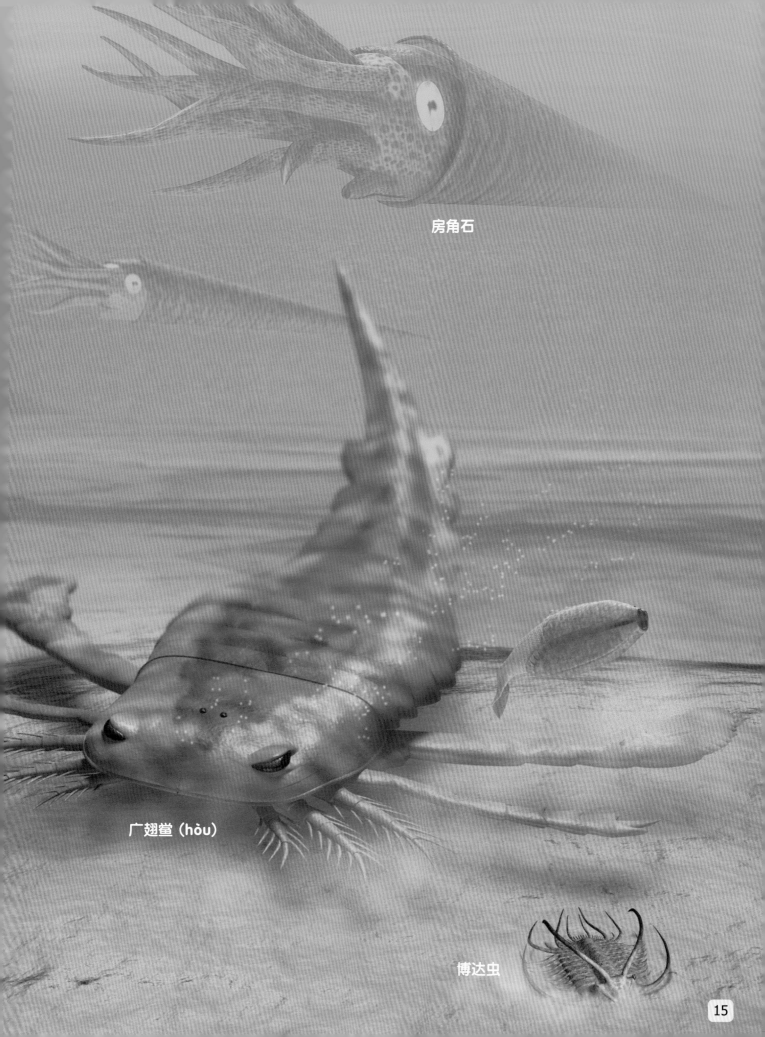

房角石

广翅鲎（hòu）

博达虫

新生代
中生代
古生代
元古宙
太古宙
冥古宙

奥陶纪的生物

寒武纪	奥陶纪	志留纪	泥盆纪	石炭纪	二叠纪

长有硬壳的三叶虫类生物在寒武纪诞生，到了奥陶纪开始发展壮大。同时期活跃的生物，还有一类长得像巨型乌贼的软体动物，它们身上的硬壳像一顶尖帽子。奥陶纪还出现了有脊椎骨的鱼类，它们体型很小，由于还没有下颌，所以捕猎的能力还比较弱。到了奥陶纪后半段，一类身体分节的大型节肢动物——海蝎出现了。

水 阿兰达鱼（鱼类）

全长约 15 厘米。身体前半部分长着坚硬的骨板，后半部分长满鳞片，靠尾鳍左右摆动在水中游动。但它没有下颌，不能吃很硬的食物。

水 直角石（软体动物）

一种软体动物，全长约 15 厘米，身上长着尖头的硬壳，壳中间分成了几个不同的小室。直角石靠调节壳里的液体量，在水中一会儿浮上去，一会儿沉下来。

水 卡氏栉虫（节肢动物）

三叶虫的一种，全长约 7~9 厘米。它全身被硬壳保护，头上有一对硬邦邦的长柄，柄上长着复眼，可以看清很远处的敌人或猎物。

水 广翅鲎（节肢动物）

一种海蝎，全长约 1 米。它生活在河口附近的海域，用扁平的附肢划水游泳，以海底泥沙里的虾、蟹、鱼和贝类为食。

水 房角石（软体动物）

体型巨大得像乌贼或章鱼那样的软体动物，全长约达 11 米，身上长着尖头的壳。它是奥陶纪海中最强大的生物，以三叶虫、贝类、海蝎等生物为食。

水 博达虫（节肢动物）

一种小型三叶虫，全长约 5.5 厘米。它头上长着两对长刺，胸部也长满了长短交错的刺，用来自卫。

Why? 最早从海中登陆的生物

据说，早在寒武纪后期，已经有一种名叫阿潘库拉虫的节肢动物从海中来到了陆地上。但要在陆地上生活下去，必须找到植物吃才行。

因此，至少在奥陶纪早期，浅水边生长的地钱就先开始向陆地上扩散，然后弹尾目的原始昆虫才跟着上了岸。

现在的弹尾虫

一种原始昆虫，以湿地和森林里的落叶和菌类为食。它体长 2~3 厘米，体型很小，但腹部的跳跃器很强大，可以让它们跳出几厘米到几十厘米远。

现在的地钱

能生活在浅海中，用叶绿素进行光合作用，制造所需要的养分。非常适合扩散到陆地上生活。

新生代
中生代
古生代
元古宙
太古宙
冥古宙

有下颌的鱼类的诞生和植物在陆地上的扩散

约 4.43 亿年前 ~4.19 亿年前

| 寒武纪 | 奥陶纪 | 志留纪 | 泥盆纪 | 石炭纪 | 二叠纪 |

奥陶纪末期，冰河时期终于结束，气候持续保持温暖的状态。冰河时期海中的三叶虫和海蝎类生物存活了下来，数量开始增加。有下颌的鱼开始出现，它们可以吃带硬壳的猎物了。到了志留纪中期，陆地上出现了最早的陆生植物库克逊蕨。到了志留纪晚期，最先进化出维管束（植物茎里输送营养的管道）的植物裸蕨出现，植物开始朝陆地上扩散。

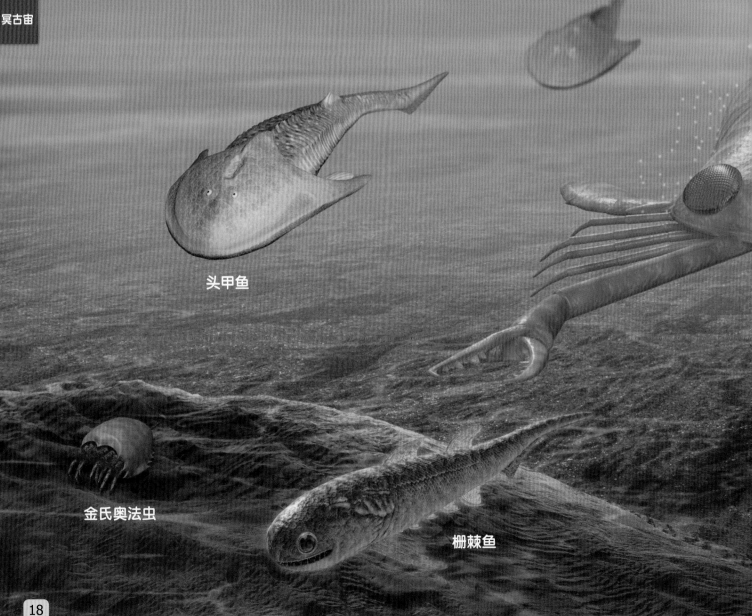

头甲鱼

金氏奥法虫

栅棘鱼

翼肢鲎

黎明月盾鲎

19

志留纪的生物

| 寒武纪 | 奥陶纪 | 志留纪 | 泥盆纪 | 石炭纪 | 二叠纪 |

　　志留纪的海中有很多长着硬壳的节肢动物。其中一种名叫翼肢鲎的海蝎体型巨大，数量繁多，是当时的海中王者。到了志留纪后期，没有下颌、但头部包裹着硬骨板的鱼类开始增加。在这个时期，最早长出下颌的鱼类——栅棘鱼——出现了。有了下颌，鱼类在水中游动的时候，就可以捕食一些比较硬的小鱼了。

水 头甲鱼（鱼类）

一种没有下颌的鱼，全长 15~20 厘米。
它头部覆盖着坚硬的骨板，靠摆动小小
的鳍在海底慢慢游动。

水 翼肢鲎（节肢动物）

一种海蝎，全长约 2 米。身体两侧长着四对细小的足，用来
在海底爬行，这四对足后面还有一对后足，长得像一对桨，
用来在水中游动。它头上长着两只大大的复眼，方便寻找三
叶虫和鱼类。它用一对大钳子一样的前足抓捕猎物。

水 黎明月盾鲎（节肢动物）

最古老的鲎，全长约5厘米。它生活在海底，到处爬动，以泥沙中的生物为食。

水 金氏奥法虫（节肢动物）

一种海蜘蛛或者海蝎，全长约8毫米。它身上背着坚硬的壳，脚上长着硬爪，用来在海底爬动。

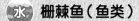

水 栅棘鱼（鱼类）

有下颌的鱼，全长7~10厘米。它用长着尖刺的鳍在海中游动，用长着尖锐牙齿的下颌咬碎坚硬的食物。

Why? 海中的植物扩散到了陆地上

距今大约4.75亿年前，一直在海中生活的一种地钱扩散到了陆地上（见第17页）。

但是，现在已知最早的陆地植物是库克逊蕨，它们在大约4.25亿年前才离开大海，来到陆地上，这发生在地钱登陆后的5000万年以后。这应该是因为利用太阳光制造养分的海中植物先是长到了海滩上，然后为了得到更多阳光照射，才进一步长到了陆地上。

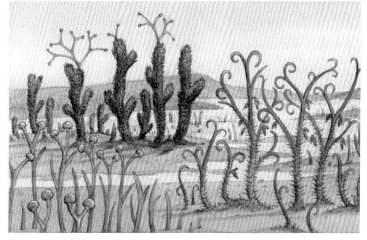

植物的登陆 在志留纪中期，库克逊蕨（左下）开始在陆地上生长，它们没有根，也没有叶子，靠孢子增殖。到了之后的泥盆纪，裸蕨（右）也开始在陆地上生长，它是一种有维管束（植物茎里输送营养的管道）的植物。然后镰蕨（左上）也来到陆地上。它们有根有叶也有维管束，是蕨类植物的祖先。

新生代

中生代

古生代

元古宙

太古宙

冥古宙

鱼类的繁荣与两栖动物的诞生

约 4.19 亿年前 ~3.59 亿年前

| 寒武纪 | 奥陶纪 | 志留纪 | 泥盆纪 | 石炭纪 | 二叠纪 |

　　到了泥盆纪，地球上已经形成了两块面积很大的陆地，陆地上的养分大量流入海洋。海中出现了一种下颌强有力的鱼类——邓氏鱼。它成了海中的王者，数量迅速增加。到了大约 3.8 亿年前，有些肉鳍鱼类（鱼鳍里有肌肉，可以在海底和河底爬行）演化出了四只脚，爬上了陆地，靠肺呼吸，这就是两栖动物的诞生过程。但到了泥盆纪晚期，地球上的环境发生了剧变，海水中的氧气变少，很多海洋生物因此灭绝了。

真掌鳍鱼

布氏米瓜莎鱼

盾头鱼

鱼石螈

异甲鱼

棘螈

邓氏鱼

孔鳞鱼

新生代
中生代
古生代

元古宙

太古宙

冥古宙

泥盆纪的生物

| 寒武纪 | 奥陶纪 | 志留纪 | **泥盆纪** | 石炭纪 | 二叠纪 |

泥盆纪的大海中出现了一种鱼，它们没有下颌，但身体前半部分被铠甲般的硬骨板覆盖。还有一种鳍上有刺的鱼，它们能沿着海底游动，就像是在爬行一样。到了泥盆纪快要结束的时候，浅滩上生活着一些鳍上有肌肉的鱼类，它们可以爬行移动。这些鱼类当中有些演化出了四只脚，可以爬上陆地，两栖动物就这样诞生了。鱼类用鳃呼吸，而两栖动物用肺呼吸。

水 真掌鳍鱼（鱼类）

全长 30~120 厘米的鱼类，生活在河口附近的浅滩上。它的鱼鳍骨上连着肌肉，因此可以摆动鱼鳍，在浅海中仿佛爬行一般地移动。真掌鳍鱼和两栖动物的祖先有些相似。

水 异甲鱼（鱼类）

一种没有下颌的原始鱼类，身体前半部分披着骨头组成的铠甲。它全长约15 厘米，嘴的最下方有一根锯状物伸出来。因为没有下颌，所以它不能吃很硬的食物。

水 孔鳞鱼（鱼类）

一种类似现在的肺鱼的鱼类，全长约 10厘米。孔鳞鱼生活在水里，但用肺呼吸。它的鱼鳍内部有骨骼和肌肉，因此它可以爬上岸生活。

水 邓氏鱼（鱼类）

一种下颌强有力的鱼类，全长约 6 米，是古生代体型最大的生物。邓氏鱼虽然没有牙齿，但下颌骨发达，呈板状，咬合力非常强，是所有鱼类中最强的。所以邓氏鱼成了海中的王者。

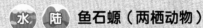 棘螈（两栖动物）

目前已知的最原始的两栖动物，全长约60厘米。棘螈长着四只脚，但脚的力量比较弱，不能支撑身体，似乎只能用来扫开河底的落叶。

水 陆 鱼石螈（两栖动物）

一种从鱼进化而来的两栖动物，全长约1米。它脚上的骨骼和肌肉都非常结实，能够支撑身体在陆地上走动。

水 盾头鱼（鱼类）

一种没有下颌的鱼类，头上有一块宽约45厘米的骨板。它靠摆动尾鳍在海底游动，像是在爬行一样。进食时，盾头鱼张着嘴，过滤泥沙里的猎物吃。

水 布氏米瓜莎鱼（鱼类）

一种生活在河里的鱼，全长约40厘米。它和一直活到今天的矛尾鱼是近亲，可以说是一种更原始的矛尾鱼。

Why? 一直活到今天的远古生物

大部分远古生物都变成了化石，保存在坚硬的岩石中，直到被人们挖掘出来。但也有一些远古生物一直存活到了今天，它们的样子和很久之前没什么两样。比如：跟带壳的乌贼和章鱼有亲缘关系的鹦鹉螺，生活在浅海中的中华鲎，生活在清澈溪流中的两栖动物日本大鲵等。这些生物被称作"活化石"。

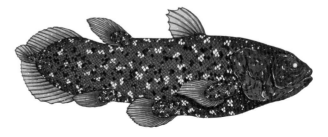

矛尾鱼（鱼类） 本来被认为在距今6600万年前就已经灭绝，但在1938年，人们在南非东北部的查伦姆纳河再次发现了这种鱼。

新生代

中生代

古生代

元古宙

太古宙

冥古宙

森林中活跃的昆虫与爬行动物

约 3.59 亿年前 -2.99 亿年前

| 寒武纪 | 奥陶纪 | 志留纪 | 泥盆纪 | 石炭纪 | 二叠纪 |

很长一段时间以后，地球上两块大陆发生了碰撞，导致火山活动频繁发生。因此，地球上的温度开始全面升高。陆地上长出了巨大的蕨类植物，形成了大片的森林。随着大气中氧气的增加，昆虫越长越大，慢悠悠地在空中飞来飞去。陆地上开始出现由两栖动物演化而来的最早的爬行动物。大海中的鱼类种类繁多，包括一种长相奇特的名叫胸脊鲨的鲨鱼。珊瑚和海百合等生物的生活范围也开始扩大。

始林蜥

胸脊鲨

古网翅类

巨脉蜻蜓

辐毛海百合

塔利怪物

石炭纪的生物

新生代
中生代
古生代

元古宙

太古宙

冥古宙

| 寒武纪 | 奥陶纪 | 志留纪 | 泥盆纪 | 石炭纪 | 二叠纪 |

到了石炭纪，巨型蕨类植物大量生长，它们通过光合作用释放出了更多氧气。陆地上的物种数量开始增加，比如以植物为食、长着翅膀的昆虫，还有在水中和陆地上都能生活的两栖动物。后来，地球上形成了一片辽阔的大陆，其中内陆地区气候干旱。一些爬行动物为了保护自己的卵，演化出了卵壳来抵御干旱的气候。海中则出现了很多软骨鱼类（如鲨鱼）和棘皮动物（如海百合）。

（水）塔利怪物（鱼类）

一种鱼类，身体两侧长着长长的眼睛，嘴细长，嘴尖像剪刀。它全长约 40 厘米。这种鱼身上曾经充满了谜团，不过现在人们已经查明，这是一种没有下颌的鱼。

（水）辐毛海百合（棘皮动物）

因为长得像百合花，所以它被叫做海百合，但其实它是一种动物，全长可达 12 厘米以上。它和海星、海胆是亲戚。它的身体固定在海底，腕部的毛能伸长，捕食海中的浮游生物。

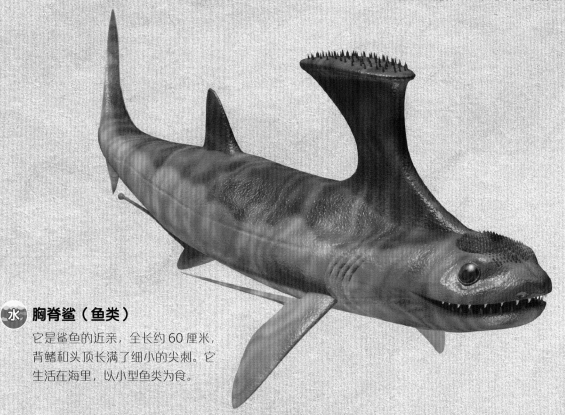

（水）胸脊鲨（鱼类）

它是鲨鱼的近亲，全长约 60 厘米，背鳍和头顶长满了细小的尖刺。它生活在海里，以小型鱼类为食。

空 **古网翅类（节肢动物）**

最早长出翅膀的昆虫，翅膀展开约有50厘米宽，是蜉蝣的亲戚。它的翅膀有大有小，一共6片。

空 **巨脉蜻蜓（昆虫）**

一种非常巨大的蜻蜓，它的翅膀展开约有70厘米宽，现在已经灭绝。人们推测，它飞行的时候不怎么扇动翅膀，而是在空中滑翔。

陆 **始林蜥（爬行动物）**

一种很像蜥蜴的爬行动物，全长约20厘米。它的头和尾巴都很细长，牙齿小而尖锐，可以吃昆虫。

Why? 大型蕨类植物怎样变成煤炭

在石炭纪的陆地上，鳞木和芦木等蕨类植物长得像树木一样高大，形成了一片大森林。它们高达20到40米，主要集群生长在湿地之类的地方。这些巨大的蕨类植物总有一天会枯死和倒塌，被长时间埋在地下，发生了碳化，变成了煤炭。

❶海底或湖底的泥沙埋没了倒下的树。

❷上层积累了更多的泥沙和倒下的树，形成了地层。

❸很久以后，因为地层重量和地热的作用，倒下的树变成了煤炭。

新生代
中生代
古生代

元古宙

太古宙

冥古宙

干旱气候中进化出的爬行动物

约 2.99 亿年前～2.52 亿年前

| 寒武纪 | 奥陶纪 | 志留纪 | 泥盆纪 | 石炭纪 | 二叠纪 |

　　地球上出现了一块巨大的陆地，面积占到整个地表的三分之一。陆地上的气候寒冷干燥。爬行动物的卵比两栖动物的卵更能适应干旱的气候，于是它们在陆地上的居住范围不断扩大，最终进化成了哺乳动物的史前远亲（下孔类）。它们分成以动物为食的肉食性动物和以植物为食的植食性动物两类。

　　但是到了二叠纪晚期，地球上发生了一次有史以来最剧烈的气候变化，海中90% 以上的生物和陆地上 70% 以上的生物都灭绝了。人们认为，剧烈的火山活动可能是造成生物大灭绝的原因。

异齿龙

盗首螈

盾甲龙

基龙

引螈

新生代
中生代
古生代
元古宙
太古宙
冥古宙

二叠纪的生物

| 寒武纪 | 奥陶纪 | 志留纪 | 泥盆纪 | 石炭纪 | 二叠纪 |

　　二叠纪有很多体型巨大的两栖动物和爬行动物。在这些爬行动物当中，有现代爬行动物的祖先双孔类，比如恐龙、鸟类、蛇和蜥蜴；也有现代哺乳动物的祖先单孔类。陆地上除了蕨类植物，苏铁和银杏等靠种子繁殖的裸子植物也开始生长和扩散。因此，以植物为食的植食性动物和以这些动物为食的肉食性动物数量也增加了。为了在天敌嘴下保护自己，有些动物长出了骨质甲片；为了适应寒冷的天气，有些动物的身体结构发生了改变。

水 **陆** 盗首螈（两栖动物）

一种尖头的大型两栖动物，它全长约1米，头和身体都很扁平。它靠摆动长长的尾巴游动，主要生活在河底或者湖底。

陆 异齿龙（单孔类）

一种单孔亚纲爬行动物，肉食性，下颚上长着尖锐的牙齿。全长约3.5米。它背上长着高达1米以上的背帆，可以适应寒冷的气候。太阳出来的时候，背帆内部的血液会被晒热，然后流遍全身。这样，异齿龙的身子就能暖和起来了。

水 **陆** 引螈（两栖动物）

一种两栖动物，头很圆，肚子很鼓，全长约2米。它主要以水中的猎物为食，但在陆地上也能生活。

陆 **基龙（单孔类）**

一种植食性单孔亚纲爬行动物，全长 3~4 米，背上长着很高的背帆。它用背帆晒太阳来温暖身体。

陆 **盾甲龙（无孔类）**

一种爬行动物，脸两边有突起。它全长可达 3 米以上，动作缓慢，以蕨类植物为食。它背上长着坚硬的骨刺，可以抵御天敌，保护自己。

Why? **从无孔类进化而来的哺乳动物、恐龙和现在的爬行动物**

爬行动物是为了适应陆地环境而进化出来的一类动物。为了方便走路，它们的脚沿着躯干向下生长。为了让身体更轻，它们的头骨上长着洞。头骨上没有洞的爬行动物叫"无孔类"，头骨左右两侧各有一个洞的爬行动物叫"单孔类"，头骨左右两侧各有两个洞的叫"双孔类"。

无孔类是最早的爬行动物，它们的头骨侧面没有孔洞，后来进化成了一部分单孔类和一部分双孔类。无孔类则在三叠纪晚期灭绝。

单孔类的头骨两侧则各有一个洞。一些单孔类进化成了哺乳动物，它们头骨上的洞成了耳洞。

双孔类的头骨两侧各有两个孔洞。它们是恐龙、鳄鱼、蜥蜴和蛇的祖先。

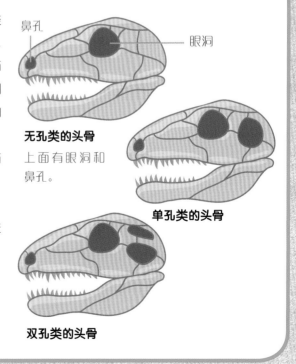

鼻孔　　　　　　　　　　眼洞

无孔类的头骨

上面有眼洞和鼻孔。

单孔类的头骨

双孔类的头骨

新生代

中生代

古生代

元古宙

太古宙

冥古宙

小型恐龙的诞生

约 2.52 亿年前 ~2.01 亿年前

三叠纪	侏罗纪	白垩纪

二叠纪末期的大灭绝过后，地球上的气候再一次变暖，地表上形成了大片的陆地。内陆地区空气干燥，沙漠化越来越严重。陆地上的爬行动物分成了鳄类的祖先和哺乳动物的祖先两类。新生物恐龙出现，它们为了生存而进行着激烈的竞争。从陆地重回海洋的鱼龙和蛇颈龙类开始繁盛。真双型齿翼龙在空中翱翔。但到了三叠纪晚期，不知是因为陨石撞击地球还是因为火山活动频发，整个地球的环境发生了剧烈的变化，大约 76% 的物种都灭绝了。

蜥鳄

埃雷拉龙

隐王兽

真双型齿翼龙

板龙

始盗龙

原颚龟

新生代
中生代
古生代

元古宙

太古宙

冥古宙

三叠纪的生物

| 三叠纪 | 侏罗纪 | 白垩纪 |

　　活过了二叠纪的爬行动物，到了三叠纪开始活跃起来。大海里的爬行动物也开始变多，比如从陆地回到海中的鱼龙和蛇颈龙。它们为了方便在水中游泳，脚演化得像鱼类和海豚的鳍一样。到了三叠纪晚期，爬行动物当中进化出了哺乳动物和恐龙。一开始的哺乳动物和恐龙体型大都比较小。

陆 蜥鳄（爬行动物）

它可能是鳄鱼的祖先，全长约 7 米。和现在的鳄鱼不同，蜥鳄在陆地上生活，捕食其他动物。

陆 隐王兽（哺乳动物）

最古老的哺乳动物，全长约 14 厘米。它长得像老鼠，耳朵和眼睛都很灵敏，在黑暗中也能看清东西。它们在夜晚的森林里活动，捕食昆虫。

陆 埃雷拉龙（恐龙）

三叠纪最强大的肉食恐龙，全长约 3 米。在早期的恐龙当中，埃雷拉龙体型算比较大的。它的牙齿一旦咬住猎物，就很难松开，然后它会用强有力的下颌把猎物咬碎了吃。

陆 原颚龟（爬行动物）

一种大型龟，全长约 1 米。它的甲壳的长度约 60 厘米。原颚龟是最古老的龟，它生活在陆地上，以草为食。

陆 始盗龙（恐龙）

最古老的恐龙之一，全长约 1 米。它靠细长的腿跑动，捕食昆虫，它也吃植物，是一种杂食性恐龙。

空 **真双型齿翼龙（翼龙）**

一类叫做"翼龙"的爬行动物，翼展约90厘米，靠前后肢之间张开的膜飞行。它一边飞翔，一边靠着又尖又细的牙齿捕食水里的鱼。

陆 **板龙（恐龙）**

早期恐龙当中体型最大的，全长8~10米。它的前肢又短又粗，上面长着像钩子一样的爪子。它的后肢能够站立。板龙以树叶为食，是一种植食性恐龙。

Why? 从陆地回到海中的爬行动物

三叠纪海中数量众多的鱼龙和蛇颈龙，都是从陆地回到海中去的爬行动物。鱼龙的身体适应了长年累月的水中生活，变成了像海豚一样的形状。它的脚也变得像鳍一样。而蛇颈龙靠着长长的脖子，能一边在水面上呼吸，一边在水中捕食鱼和乌贼等动物。

在海中生活的蛇颈龙（上）和鱼龙（下）

爬行动物来到陆地上产卵，数量开始增加。但到了三叠纪，游进大海的爬行动物不再产卵，而是直接在海中生出小宝宝。

新生代

中生代

古生代

元古宙

太古宙

冥古宙

大型恐龙与海洋爬行动物的繁荣

约 2.01 亿年前 ~1.45 亿年前

| 三叠纪 | 侏罗纪 | 白垩纪 |

侏罗纪的气候持续炎热潮湿。陆地上长满了茂密的蕨类植物和针叶树等裸子植物，以这些植物为食的植食性恐龙数量增加了，以植食性恐龙为食的肉食性恐龙的数量也跟着增加了。植食性恐龙进食大量的树叶，体型变大了。以植食性恐龙为食的肉食性恐龙当中，出现了一些跑得很快的恐龙，更适合追逐猎物。在海中，蛇颈龙和鱼龙等爬行动物和菊石等软体动物也开始大量繁殖。一些恐龙还飞到了空中，演化成了鸟类的祖先。

异特龙

梁龙

剑龙

喙嘴龙

腕龙

始祖鸟

超龙

新生代
中生代
古生代
元古宙
太古宙
冥古宙

侏罗纪的生物

| 三叠纪 | 侏罗纪 | 白垩纪 |

　　在侏罗纪时期，大型蕨类植物和针叶树生长得非常茂密，导致大量采食这些植物叶子的植食性恐龙的体型跟着变大了，猎食植食性恐龙的肉食性恐龙也跟着变大了。植食性恐龙长出了巨大的身体和尾巴，用来抵御天敌，保护自己。植食性恐龙当中还出现了一类剑龙，它们背上有一排从头长到尾的坚硬骨板，用来保护自己。翼龙和鸟类则飞到了天敌较少的空中生存。

空 喙嘴龙（翼龙）

它虽然叫做"翼龙"，但却是爬行动物。它前肢和后肢之间有膜，张开这层膜就能飞翔到空中。翼展约1.8米。它在海上飞行，以海中的鱼类为食。

陆 异特龙（恐龙）

侏罗纪最大的食肉恐龙，全长8~12米。它的后肢非常发达，跑起来时速可达30千米。它用锋利的牙齿和前肢上的利爪袭击、捕食猎物。

陆 剑龙（恐龙）

一种植食性恐龙，全长约9米。剑龙背上有一排从头长到尾的骨板，它靠这些骨板、喉部的骨骼铠甲和尾巴尖的刺来保护自己。

空 始祖鸟（鸟类）

它曾被认为是最古老的的鸟类，因此被叫做"始祖鸟"。全长约50厘米。和现在的鸟类不同，始祖鸟嘴里有牙齿，是一种介于恐龙和鸟类之间的生物。始祖鸟胸部的肌肉不够发达，因此飞得不是特别好。

陆 梁龙（恐龙）

一种大型植食性恐龙，从头到尾全长约25米。它嘴里长着坚硬的牙齿，可以嚼碎苏铁之类的植物叶子吃下去。

陆 腕龙（恐龙）

一种脖子很长的植食性恐龙，全长24~28米。它的前肢比后肢长，是恐龙里面最高的一种，因此可以吃到高处的树叶和种子。

陆 超龙（恐龙）

体型最大的植食性恐龙，全长可达33米。它的头和尾巴都很长，靠粗壮的四肢来支撑巨大的躯干。它可以靠后肢站立，采食高达50米处的树叶。

Why? 植食性恐龙体型变大的原因

到了侏罗纪，地球上的气候开始变暖，雨水也开始变多。因此，苏铁和针叶树等植物开始茂密生长。但这种树叶所含的营养比较少，恐龙不得不吃很多。为了消化大量的食物，植食性恐龙的内脏变大了，容纳内脏的身体也跟着变大了。全长30米以上的恐龙开始出现，比如侏罗纪的超龙和白垩纪的阿根廷龙。

和食肉恐龙战斗的阿根廷龙

阿根廷龙全长超过30米，几乎和超龙一样大。但它的体重却是超龙的2倍，重达100吨。

新生代

中生代

古生代

元古宙

太古宙

冥古宙

大型肉食性恐龙的繁荣

约 1.45 亿年前 ~6600 万年前

三叠纪	侏罗纪	白垩纪

　　白垩纪的气候特别温暖。地球各处的陆地都开始被大海淹没，形成了一片片被浅海包围的大陆。蛇颈龙和鱼龙等爬行动物在海中遨游；翼龙在海面上飞翔，它们除了捉鱼吃，还捕食乌贼或菊石等软体动物。蕨类植物、银杏和针叶树等裸子植物在陆地上茂密生长，以这些植物为食的植食性恐龙数量也增加了。后来，许多以植食性恐龙为食的肉食性恐龙出现了，它们都长着尖锐的牙齿。为了抵御天敌，越来越多的植食性恐龙长出了各种保护自己的武器。但在大约 6600 万年前，巨大的陨石撞击了地球，许多动植物都灭绝了。

禽龙

甲龙

无齿翼龙

棘龙

副栉龙

霸王龙

三角龙

新生代
中生代
古生代

元古宙

太古宙

冥古宙

白垩纪的生物

三叠纪	侏罗纪	白垩纪

　　随着白垩纪的气候变暖，干燥天气变多，地球上出现了能开花结果、靠种子繁衍后代的被子植物。被子植物的种子扩散到世界各地，导致地球历史上一直占优势的蕨类植物和针叶树的势头开始减弱。陆地上肉食性动物大量出现，它们跑得很快，用尖锐的牙齿捕食猎物。植食性动物为了保护自己，演化出了很多自卫的武器。在海中，长着尖牙的肉食性爬行动物和有一大口尖牙、性情凶暴的鲨鱼十分活跃，成了海中的王者。

陆 **禽龙（恐龙）**

一种植食性恐龙，它的嘴巴很扁平，手脚很长，全长约8米。禽龙是最早被人们命名的恐龙之一，它的牙齿很薄，边缘呈锯齿状，可以嚼碎叶子吃。

陆 **棘龙（恐龙）**

一种大型肉食性恐龙，全长约15米。它嘴里有尖牙，可以在水边捕鱼吃。它背上的背帆有调节体温的作用，既可以在冷天晒太阳温暖身体，也可以在热天帮助散热。

陆 **甲龙（恐龙）**

一种植食性恐龙，全长约11米。它的头上和背上长满了骨刺，像是穿了一件铠甲。它的尾巴尖上还有一块肉瘤，可以挥起来驱赶天敌。

陆 **副栉龙（恐龙）**

一种植食性恐龙，后脑勺上长着一个向后延伸的冠饰。全长约11米。它的嘴里长着竖排的牙齿，可以切碎叶子吃。副栉龙的冠饰里面是中空的，可以让空气从鼻孔进入，流经冠饰，发出声响，以此和同类交流沟通。

空 **无齿翼龙（翼龙）**

一种头和嘴都非常大的翼龙，翼展约 7 米。它用这对大翅膀在海上盘旋，捕食水中的鱼。

陆 **三角龙（恐龙）**

一种植食性恐龙，额头上有两只角，鼻尖上还有一只角。三角龙全长约 8 米，是角龙里面最大的。它有着巨大的头盾，用来抵御天敌的攻击。

陆 **霸王龙（恐龙）**

最强壮的肉食性恐龙，下颚巨大，牙齿又大又尖。霸王龙体型很大，全长约 12 米。它的后肢很发达，方便它追逐和捕食猎物。

Why? 恐龙灭绝的原因

　　在大约 6600 万年前的某一天，一颗巨大的陨石从宇宙深处飞来，撞上了地球，形成了一个直径约 180 千米的巨坑。你现在去墨西哥东部的尤卡坦半岛，还能看到这个陨石坑。陨石的撞击引起地面上大规模的火山喷发和海啸，导致尘埃四处弥漫，遮住了太阳光。地球上的气温一下子降低，很多植物都冻死了。因此，以植物为食的植食性动物和以植食性动物为食的肉食性动物也跟着死亡了。据说恐龙就是在这个时期灭绝的。

灭绝的恐龙 大规模的火灾烧死了植物，扬起的尘埃遮住了阳光。天气太冷，恐龙赖以生存的很多苏铁和针叶树都死了，恐龙也因此灭绝了。

新生代
中生代
古生代
元古宙
太古宙
冥古宙

巨型鸟类和哺乳动物的繁荣

约 6600 万年前 ~260 万年前

古近纪	新近纪	第四纪

在白垩纪晚期，恐龙等大型动物灭绝以后，取而代之开始活跃的是鸟类和哺乳动物。没有了恐龙这种可怕的天敌，有一些鸟类放弃飞行，开始在地面上大量捕食猎物，体型变得非常巨大。

在大约 5500 万年前，气候突然变暖，森林又变得茂密起来。本来在夜间活动的哺乳动物，在白天也开始活动，它们大量捕食猎物，体型也变得巨大起来。但到了大约 2800 万年前，气候再次变得寒冷干燥，茂盛的草原取代了森林，以草为食的哺乳动物和吃这类哺乳动物的肉食性哺乳动物就开始增加了。

攻击始祖马的恐鹤——不飞鸟

始祖马是马的祖先，这里攻击始祖马的巨型鸟类名叫"恐鹤"。

伪剑齿虎
（一种猎猫科肉食性动物）

植食性哺乳动物巨犀群（右）和

趴在岩石上虎视眈眈的食肉哺乳动物始剑齿虎（左）

随着气候变暖，高树茂密生长。巨犀是一种为了吃高处的树叶而进化的大型哺乳动物，全长约 7.5 米。为了捕食大型植食性动物，始剑齿虎的体型也跟着变大了。

向草原前进的哺乳动物

大约 2800 万年前，天气持续干旱，森林变成了草原。草原上的植食性哺乳动物增加了，跟在后面捕食的肉食性动物数量也增加了。

古猪兽
（类似野猪的植食性动物）

鬣齿兽
（一种肉食性动物，和猫科动物有相同的祖先）

王雷兽
（一种长得像犀牛，但和马亲缘关系更近的动物）

渐新马
（马的祖先）

先兽
（一种原始骆驼）

高齿羊
（一种似鹿的偶蹄动物）

新生代
中生代
古生代
元古宙
太古宙
冥古宙

人类的繁荣

约 260 万年前 ~ 现代

古近纪	新近纪	第四纪

　　大约 260 万年前，第四纪开始了。气候又变得寒冷，地球迎来了冰河时期。在这个时期，冰期和间冰期交替出现，整个地球要么几乎都被冰覆盖，要么相对稍微温暖。在食物稀少的冰期，很多哺乳动物都灭绝了。

　　在冰期的严寒中，也有一些动物生存了下来，其中一种就是人类。人类大约在 700 万年前诞生，和类人猿的黑猩猩有着共同的祖先。后来，人类开始靠两只脚行走，解放了双手，开始制作工具，学着用火，掌握了各种知识和技术，居住范围也开始扩大，逐渐遍布地球的各个角落。

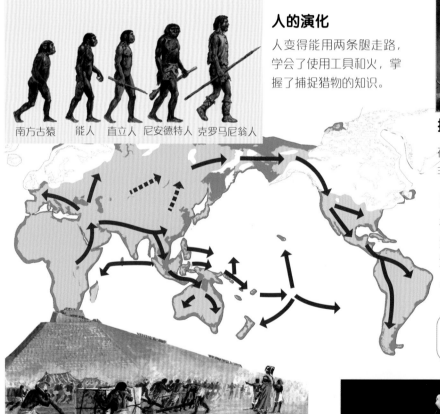

人的演化

人变得能用两条腿走路，学会了使用工具和火，掌握了捕捉猎物的知识。

南方古猿　能人　直立人　尼安德特人　克罗马尼翁人

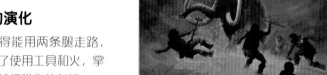

捕猎猛犸象

在被冰覆盖的寒冷地区，猛犸象肉是非常珍贵的食物。

向全世界扩散的人类

在大约 10 万年前，人类的祖先从非洲出发，一边到处捕猎或捕鱼，一边踏上了全球之旅。大约 1.2 万年前，人类的足迹抵达了南美洲的最南端。

> ● 冰期的陆地　　○ 冰河
> ➤ 人类扩散的路线

建设金字塔的古埃及人

大约 4500 年前，人类想出了各种各样的工具和技术，开始用巨大的石块建造法老的陵墓，发展出辉煌的文明。

人类飞向太空

随着现代科学技术的发展，人类可以去宇宙遥望地球了。未来又会怎样呢……

监修者介绍

猪乡久义

1932 年生。东京教育大学（现在的筑波大学）研究生院博士毕业，曾任美国伊利诺伊州立大学副教授、筑波大学教授等。现为筑波大学名誉教授、多摩六都科学馆特别研究员。日本微化石和牙形石研究第一人。发表有多篇学术论文，主要著作有《视觉探险图鉴 日本列岛》（岩崎书店）、《古生物牙形石——铭刻四亿年的化石》（NHK 出版），合编有《new wide 学研图鉴 地球与气象》（学习研究社）、《国立科学博物馆丛书 日本列岛博物志》（东海大学出版会），其他监修作品有《地学英日用语词典》（爱智出版）等。

主要参考文献

《古生物大百科》《new wide 学研图鉴 远古动物》（学研教育出版）

《图解入门 读懂最新地球史（第二版）》（秀和 system）

《地球·生命的大演化》（新星出版社）

《超逼真恐龙大图鉴》（成美堂出版）

《孩子的科学★ science box 肉食性恐龙·古生物图鉴》（成文堂新光社）

《地球生命 40 亿年之旅》《生命的诞生与演化的 38 亿年》（牛顿出版社）

《生物登陆大作战》《生命 38 亿年大图鉴》《地球大研究》（PHP 研究所）

照　　片	aflo　Photo Library　UNIPHOTO PRESS　Depositphotos
插　　图	梅田纪代志　加藤爱一　七宫贤司　藤井康文　内村祐美　牧野 Takashi　HAYUMA（田所穗乃香）
设　　计	舆水典久
DTP·编辑	HAYUMA（小西麻衣　户松大洋）

本书中，为了方便读者认识各时代的代表性生物，而将它们画在了同一幅画里，但并不是所有的生物都在同一时期、同一地域里生存着的。

生命的演化历史

监　　修　[日] 猪乡久义
译　　者　周颖琪
策划出品　雅众文化
策划编辑　陈巧文
责任编辑　胡瑞颖
特约编辑　陈佳晖
责任校对　邱红穗
装帧设计　方　为

出版发行　华东师范大学出版社
社　　址　上海市中山北路 3663 号　　　邮编 200062
网　　址　www.ecnupress.com.cn
总　　机　021-60821666　　行政传真 021-62572105
客服电话　021-62865537
门市（邮购）电话 021-62869887
地　　址　上海市中山北路 3663 号华东师范大学校内先锋路口
网　　店　http://hdsdcbs.tmall.com
印刷者　山东临沂新华印刷物流集团有限责任公司
开　　本　889×1194　16 开
印　　张　3.5
版　　次　2020 年 12 月第 1 版
印　　次　2020 年 12 月第 1 次
书　　号　978-7-5760-0362-8
定　　价　58.00 元
出版人　王　焰

（如发现本版图书有印订质量问题，请寄回本社客服中心调换或电话 021-62865537 联系）

图书在版编目（CIP）数据

生命的演化历史／（日）猪乡久义监修；周颖琪译
. -- 上海：华东师范大学出版社，2020
ISBN 978-7-5760-0362-8

Ⅰ. ①生… Ⅱ. ①猪… ②周… Ⅲ. ①生物-进化-普及读物 Ⅳ. ① Q11-49

中国版本图书馆 CIP 数据核字 (2020) 第 069985 号

上海市版权局著作权合同登记 图字：09-2019-1089

生命历史年表

（古生代~新生代）

※ 冥古宙 ~ 元古宙请见前环衬。

中生代三叠纪的生物

约2.01亿年前

约2.52亿年前

约2.99亿年前

石炭纪

约3.59亿年前

古生代寒武纪的生物

古生代

泥盆纪

约4.19亿年前

志留纪 ········· 有下颌的鱼出现

约4.43亿年前 ········· 大灭绝

奥陶纪

········· 植物上陆

约4.85亿万年前

约5.41亿年前 寒武纪 ········· 鱼类出现生物种类增加

元古宙 ➤请见前环衬